太空之旅丛书

太空旅行

[美] 亚伦·戴约（Aaron Deyoe） 著

陈欣欣 译

SPM
南方出版传媒

全国优秀出版社
全国百佳图书出版单位 广东教育出版社

·广 州·

本系列书经由美国Abdo Publishing Group授权广东教育出版社有限公司仅在中国内地出版发行。

广东省版权局著作权合同登记号

图字：19-2017-088号

图书在版编目（CIP）数据

太空旅行 /（美）亚伦·戴约（Aaron Deyoe）著；陈欣欣译. —
广州：广东教育出版社，2019.6
（太空之旅丛书）
书名原文：Space Travel
ISBN 978-7-5548-2209-8

Ⅰ.①太…　Ⅱ.①亚…　②陈…　Ⅲ.①空间探索—少儿读物
Ⅳ.①V11-49

中国版本图书馆CIP数据核字（2018）第047706号

责任编辑：林圡洁　杨利强　罗　华
责任技编：涂晓东
装帧设计：邓君豪

太空旅行

TAIKONG LÜXING

广 东 教 育 出 版 社 出 版 发 行
（广州市环市东路472号12—15楼）

邮政编码：510075

网址：http://www.gjs.cn

广东新华发行集团股份有限公司经销

恒美印务（广州）有限公司印刷

（广州市南沙经济技术开发区环市大道南路334号）

890毫米×1240毫米　24开本　1印张　20 000字

2019年6月第1版　2019年6月第1次印刷

ISBN 978-7-5548-2209-8

定价：29.80元

质量监督电话：020-87613102　邮箱：gjs-quality@nfcb.com.cn

购书咨询电话：020-87615809

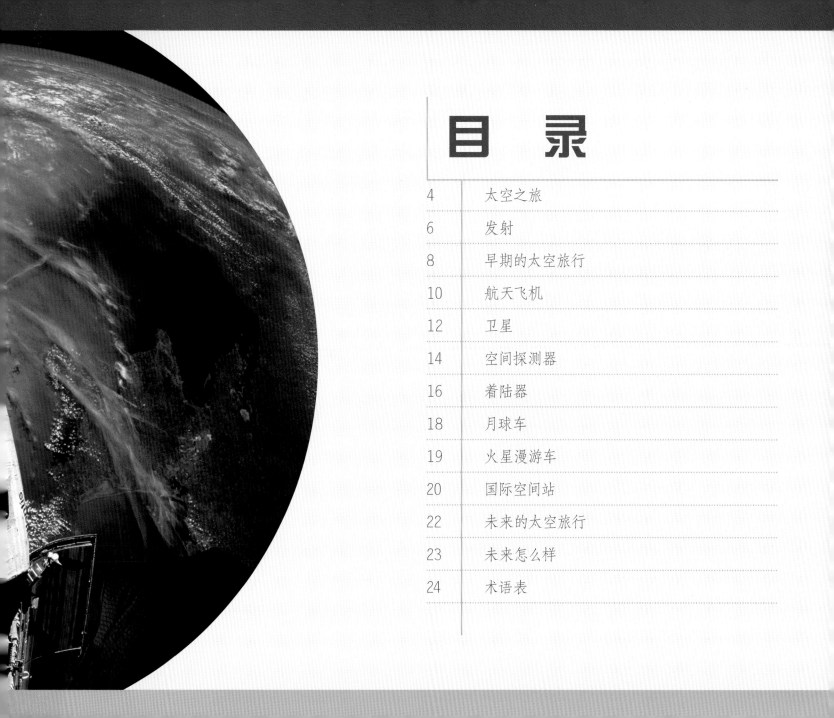

目 录

以前，人类梦想着遨游太空，但不知道如何实现这个梦想。而今，我们掌握了许多探索宇宙的方法。

火箭能将人送上太空。

空间探测器可探测遥远的行星。

漫游车可在行星和月球上行驶。

飞天之愿

古人也曾仰望星空。他们也想试着进行一次太空旅行。有人认为大气球能将他们送到太空，还有人认为大炮能将他们送到太空。

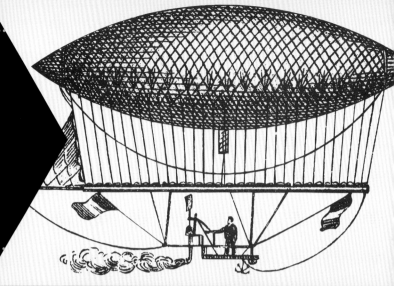

火箭椅

14世纪的中国科学家万户，就曾尝试去太空旅行。他把47枚装满火药的火箭捆绑在椅子下，待他坐到椅子上后，他的仆人就点火发射。不幸火箭爆炸，万户为此献出了生命。

发 射

火箭发动机

当位于火箭末端的发动机点火后，强大的反冲力将火箭送入太空。

离子推进器

离子推进器喷出离子束，离子束的反作用力推动飞船进入太空。

遨游太空的多种方式

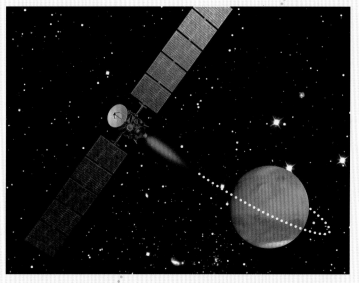

太阳帆

　　太阳帆利用了太阳能。太阳光中的光子撞击到太阳帆时就能产生推力，从而推动飞船前进。

引力助推

　　当飞船靠近行星时，行星的引力会让飞船加速，从而节省燃料。

早期的太空旅行

自1942年起，人们就能将物体送入太空。

1942年，德国首次把火箭送入太空。

1957年，苏联发射了第一颗人造地球卫星"伴侣1号"。

1961年，首位宇航员尤里·加加林遨游太空。他乘坐的飞船绕地球飞行一圈。

"土星5号"运载火箭

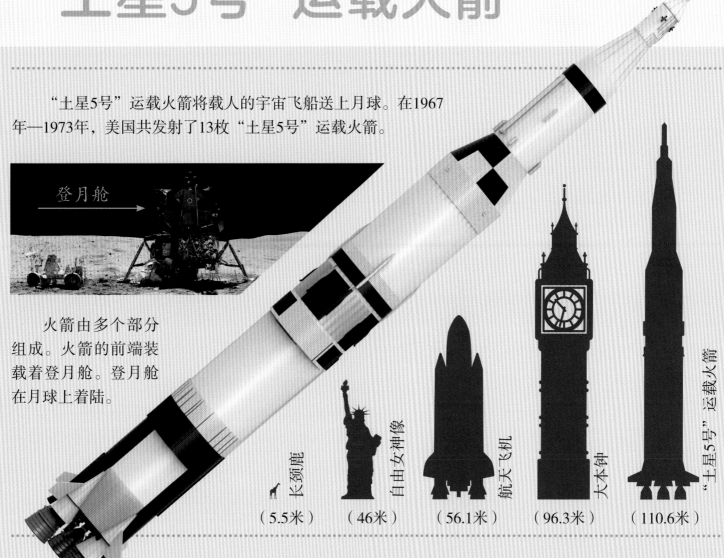

"土星5号"运载火箭将载人的宇宙飞船送上月球。在1967年—1973年，美国共发射了13枚"土星5号"运载火箭。

登月舱 →

火箭由多个部分组成。火箭的前端装载着登月舱。登月舱在月球上着陆。

长颈鹿
（5.5米）

自由女神像
（46米）

航天飞机
（56.1米）

大本钟
（96.3米）

"土星5号"运载火箭
（110.6米）

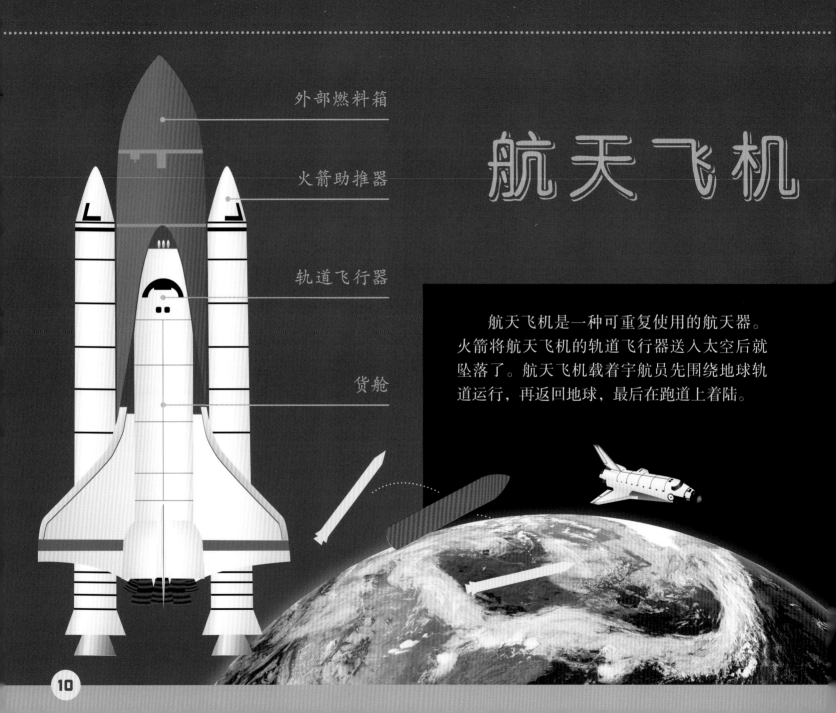

外部燃料箱

火箭助推器

轨道飞行器

货舱

航天飞机

航天飞机是一种可重复使用的航天器。火箭将航天飞机的轨道飞行器送入太空后就坠落了。航天飞机载着宇航员先围绕地球轨道运行,再返回地球,最后在跑道上着陆。

航天飞机的用途

　　航天飞机要完成多项工作。它们既要将卫星送入太空，又要载着科学家去维修卫星，还负责载人至国际空间站。航天飞机自身也可以用作科学实验室。

航天飞机（时代）的结束

　　从1981年起，航天飞机总共承担过135次任务。2011年，所有的航天飞机都退役了。美国宇航局正研发新的载人航天工具。

卫 星

卫星在太空中环绕着行星运行。月球就是地球的一颗天然卫星。太空中还有许多人造卫星。这些人造卫星都是人类发射到太空的。

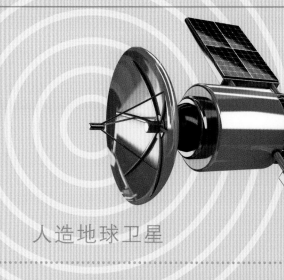

人造地球卫星

人造地球卫星有着许多不同的用途。一些卫星负责广播和电视等信号的传输，一些负责测绘地图和导航，有的能帮助人们预测天气。

正在运行的人造卫星

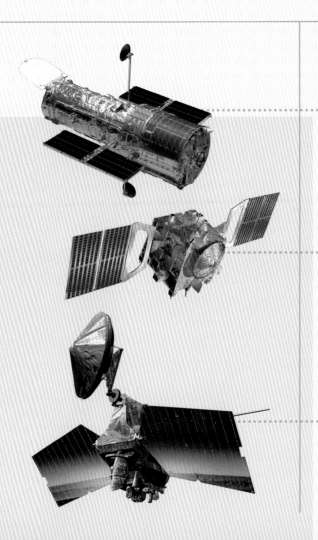

哈勃太空望远镜

哈勃太空望远镜围绕地球运行，拍摄了很多宇宙天体的照片。

"金星快车号"探测器

"金星快车号"是一枚环绕金星运行，研究金星大气层的星系探测器。它是由欧洲空间局研发的。

火星勘测轨道飞行器

火星勘测轨道飞行器围绕火星运行，用来制作火星的地形图。

空间探测器

"旅行者1号"和"旅行者2号"探测器

开普勒太空望远镜

"旅行者1号"和"旅行者2号"探测器都到访过木星和土星，"旅行者2号"还到访过天王星和海王星。"旅行者1号"是首枚离开太阳系的探测器。

开普勒是一台太空望远镜。它是用来探寻围绕其他恒星运行的行星。目前，它已经发现了上千颗太阳系外行星。

空间探测器是一种研究太空的航天器。它们能围绕行星及卫星运行，甚至还能跟踪彗星。

"星尘号"探测器

"卡西尼-惠更斯号"探测器

"星尘号"是研究彗星的星系探测器。它主要是收集彗星彗尾的尘埃，并将这些尘埃带回地球。

"卡西尼-惠更斯号"探测器研究木星和土星。它拍摄了大量木星和土星及其卫星的照片。

着 陆 器

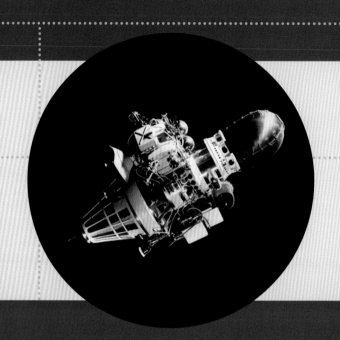

"月球9号"探测器

苏联于1966年将"月球9号"探测器送上了月球，使之成为第一颗在月球上成功实现软着陆的月球探测器。

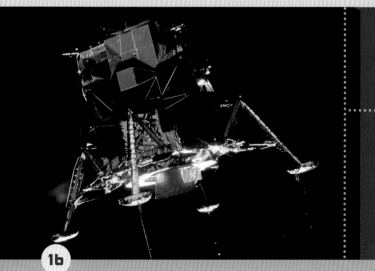

登月舱

登月舱是"阿波罗号"飞船的一部分。登月舱将人类送上了月球的表面。登月舱的上部可以分离，并回到地球。

着陆器把机器人或人类送到行星或卫星上，有助于人类研究这些天体的表面。

"卡西尼–惠更斯号"探测器

"卡西尼–惠更斯号"探测器分为两部分："卡西尼号"是一个轨道飞行器，围绕土星运行；"惠更斯号"是从"卡西尼号"上分离出来的一个着陆器。"惠更斯号"着陆在土星的一个叫"土卫六"的卫星上。

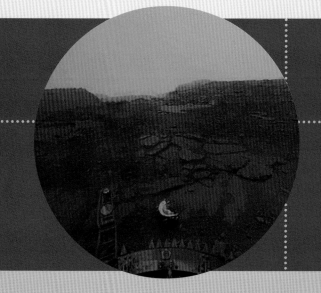

"金星号"探测器

苏联发射了许多着陆器到金星。1970年，苏联发射的"金星7号"成为第一颗成功着陆金星的探测器。1975年，他们又发射了"金星9号"探测器，并拍摄了第一幅金星表面的照片。

月球车

科学家将漫游车送到行星或卫星的表面。漫游车可以代替人类从事研究工作，以保障人的安全。

"月球车1号"和"月球车2号"

1970年，苏联发射的"月球车1号"成为第一辆降落在月球的由地面遥控的无人驾驶车。1973年，苏联又发射了"月球车2号"。它们的目的都是为了探究月球的表面。

月球车

月球车就像一辆小轿车，从"阿波罗15号"开始的三艘飞船都把这种车送上月球，帮助宇航员更多地了解月球的表面。

火星漫游车

曾经在火星上成功降落四辆漫游车，它们用来研究火星上的土壤和大气。

"好奇号"（2012年）

目前，"好奇号"是着陆火星中最大的漫游车。它的大小就像一辆小卡车。它是先进的移动科学实验室。

"探路者号"（1997年）

"勇气号"和"机遇号"（2004年）

国际空间站

对接航天器

散热板

工作和
生活区

太阳能电池板

国际空间站（ISS）围绕地球运行，大约有一个橄榄球场那么大。

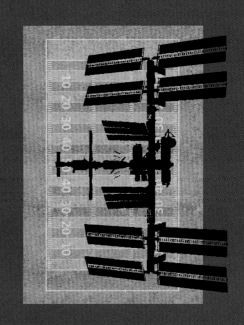

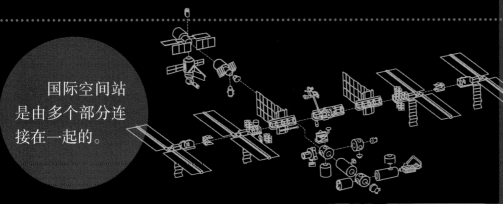

国际空间站是由多个部分连接在一起的。

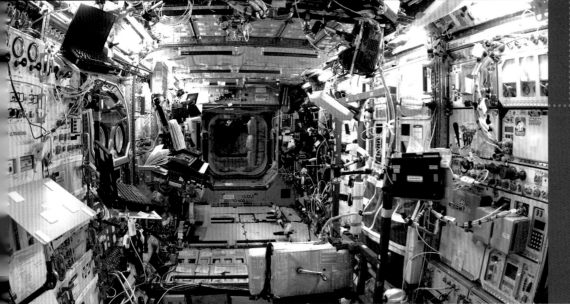

许多不同国家的宇航员在国际空间站工作过。空间站最多能同时容纳六名宇航员。他们在里面做实验，并且记录太空生活的点滴。

未来的太空旅行

科学家一直在思考如何发展新的航天技术。

民间企业使得太空旅行变得更加容易。

人类能够在火星上行走。

我们可以从小行星上获取自然资源。

未来怎么样

在未来，太空旅行可能变成一种日常活动。

太空旅行知识小测试

1. "惠更斯号"登陆在什么卫星上?

2. 成功登陆火星的探测器有多少个?

3. 航天飞机今天仍然在运行, 对吗?

想一想:

你想选择哪种方法去太空旅行, 为什么?

答案: 1. 土卫六。 2. 4。 3. 错误。

术　语　表

空间探测器：对宇宙中的天体和空间进行探测的无人航天器，可分为月球探测器、行星和行星际探测器、小天体探测器等，也叫宇宙探测器。

月球车：在月球表面行驶，并对月球表面进行考察和采集分析样品，由地面运载火箭直接发射到月面上，或由宇宙飞船运送到月面上的专用车辆，分为有人驾驶月球车和无人驾驶月球车两种。前者由宇航员驾驶，车上装有照相机、电视摄像机、磁强计、无线电通信设备，还可存放收集到的岩石和土壤标本等。后者为遥控型，按地面遥控指令行驶，进行标本采集、理化分析、摄影、测量等，图像和数据由无线电发回地面。

火箭发动机：一种自备燃料和氧化剂的喷气式航空发动机。利用化学燃料的火箭发动机有固体燃料火箭发动机与液体燃料火箭发动机两种。此外，还有核火箭发动机、电火箭发动机及太阳能火箭发动机等。火箭发动机多用作航天器和各类导弹的动力装置，也可作航空器的辅助动力装置。